Manuel Holler

Standardmodell der Teilchenphysik

GRIN Verlag

Bibliografische Information der Deutschen Nationalbibliothek:

Die Deutsche Bibliothek verzeichnet diese Publikation in der Deutschen National-
bibliografie; detaillierte bibliografische Daten sind im Internet über http://dnb.d-
nb.de/ abrufbar.

Impressum:

Copyright © 2005 GRIN Verlag GmbH
Druck und Bindung: Books on Demand GmbH, Norderstedt Germany
ISBN: 978-3-640-28592-1

Dieses Buch bei GRIN:

http://www.grin.com/de/e-book/122925/standardmodell-der-teilchenphysik

Standardmodell der Teilchenphysik

Hauptseminararbeit vorgelegt von Manuel Holler

Inhaltsverzeichnis

1 Einführung

Das Standardmodell der Teilchenphysik gibt wohl die aktuellste Antwort auf eine Frage, die die Menschheit seit Anbeginn der Zeit beschäftigt: „Woraus ist alles gemacht?" Seit jeher gab es verschiedenste Auffassungen von Philosophie, Religion und Wissenschaft darüber was als Elementarteilchen anzusehen ist. Von den vier Elementen (Wasser, Erde, Feuer, Luft) bei den Alten Griechen bis zu Daltons experimentellen Beweis der Atome 1803.

Das schon von Demokrit postulierte Atom wurde schließlich bis 1932 „gefüllt": Elektronen, Protonen und Neutronen sind die Bestandteile, die Bohr in gleichnamigen Modell 1913 zusammensetzte (vgl. Tipler, 2000, S. 1425). Mit dem Bau von gigantischen Teilchenbeschleunigern begann schließlich die Jagd auf neue Urbausteine – mit Erfolg. In den Beschleunigern durchlaufen in entgegengesetzten Richtungen Milliarden von Teilchen die kreisförmigen Röhren. Angetrieben von Magnetfeldern erreichen sie nach Stunden Geschwindigkeiten von über 99,9% der Lichtgeschwindigkeit und kollidieren. „Umgeben ist der Ort der Teilchen-Karambolage von haushohen Detektoren, in denen die Produkte der Kollision ihre verräterischen Spuren wie einen Fingerabdruck hinterlassen" (Butscher, 2004, S. 86) (s. Abbildung 1).

Abbildung 1: Teilchendetektor des Tevatron-Colliders am Fermi National Laboratory in Batavia (Kane, 2003, S. 32).

Laut Hänsel und Neumann (1995, S. 508/ 559) hatte man schließlich in den fünfziger und sechziger Jahren etwa dreihundert Teilchen entdeckt, die genauso „elementar" wie das Proton oder Neutron aufgefasst werden müssen. Die große Anzahl von Elementarteilchen, der Nachweis von Baryonen- und Mesonenresonanzen und die Abweichung bei den Streuexperimenten von Elektronen an Nukleonen sprachen aber für noch fundamentalere Teilchen: die von Gell-Mann benannten und zusammen mit Zweig postulierten Quarks (1963) (s. Abbildung 2). Sie gelten laut Meyer (Meyer in Butscher, 2004, S. 86) als punktförmige, also wirklich elementare Teilchen, die sich im Inneren von Nukleonen befinden.

Das Quark-Modell, die Quantenchromodynamik (Theorie der starken Wechselwirkung) und schließlich das Modell der elektroschwachen Wechselwirkung, das von Weinberg und Salam aufbauend auf frühere Arbeiten von Glashow entwickelt wurde, bilden zusammen das Standardmodell der Teilchenphysik (s. Abbildung 2) (vgl. Coughlan/ Dodd, 1996, S. 241 und Tipler, 2000, S.1439).

Abbildung 2: Gell-Man, Salam, Glashow und Weinberg (Hänsel/ Neumann, 1995, S. 548, 516)

Genz lobt: „Das Standardmodell fasst eine Vielzahl theoretischer Einsichten und experimenteller Ergebnisse aus verschiedenen Gebieten der Elementarteilchenphysik konsistent zusammen. Es befindet sich in hervorragender Übereinstimmung mit den Ergebnissen der Präzisionsexperimente, die zu seiner Überprüfung dienten" (Genz in Vaas, 2004, S. 92). Kane (2003, S. 28) bestätigt, dass siebzehn Teilchen im Standardmodell ausreichen, die Alltagswelt – außer der Gravitation – und fast alle von Teilchenphysikern gesammelten Daten zu beschreiben.

Das Standardmodell als Grundgerüst besticht auch nach ca. 30 jährigem Bestehen durch seinen Erfolg. Vorhergesagt Teilchen konnten experimentell bestätigt werden, aber wie jede Theorie ist es auch nicht allumfassend. So können zahlreiche ungelöste Rätsel, die z.B. bei hochenergetischen Reaktionen auftreten, nur durch Erweiterungen gelöst werden.

2 Die Teilchen

Das Standardmodell liefert sehr genaue Beschreibungen der atomaren Bausteine. Nach dem heutigen Kenntnisstand besteht alle Materie und ihre Wechselwirkungen aus drei Sorten elementarer Teilchen: Leptonen, Quarks und Bosonen. Sie sind mit Sternchen in nachfolgender Tabelle (s. Tabelle 1) markiert.

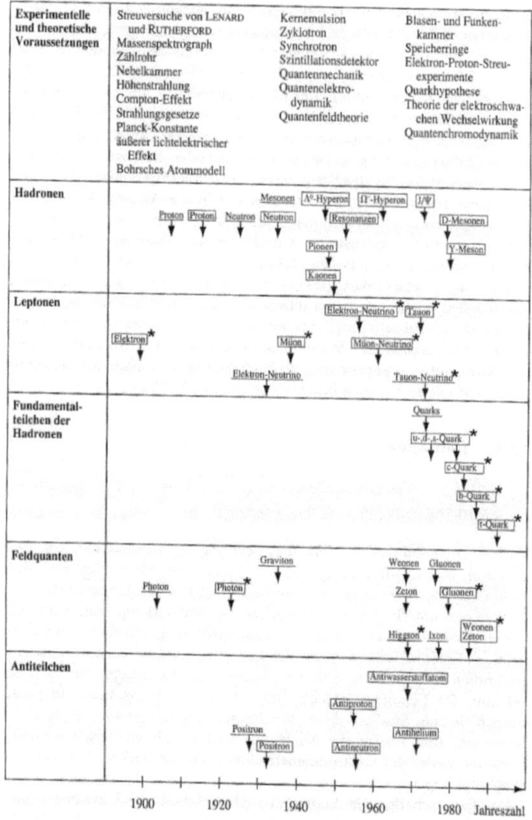

Tabelle 1: Zur Entwicklung der Elementarteilchenphysik (Unterstreichung bedeutet die hypothetische Einführung, Einrahmung den experimentellen Nachweis des Teilchens) Die mit einem Sternchen markierten Teilchen gehören zum Standardmodell (ohne Antiteilchen) (vgl. Hänsel/ Neumann, 1995, S. 517).

Alle Teilchen des Standardmodells können weiter in zwei Sorten unterteilt werden: Fermionen (Materieteilchen) und Bosonen (Wechselwirkungsteilchen). Zu den Fermionen zählen die drei Familien von Leptonen (leichte Teilchen) und die Quarks.

Zu jedem Teilchen existiert ein Antiteilchen das genau dieselbe Masse, Spin, Isospin, Eigenparität und, falls es instabil ist, dieselbe mittlere Lebensdauer besitzt. Sie haben entgegengesetzte Ladung, Baryonenzahl, 3-Komponente des Isospins, Seltsamkeit, Charme und Fermionenzahl (vgl. Lohrmann, 1990, S. 64). Die Existenz der Antiteilchen ist formal mit Hilfe der relativistischen Quantentheorie herzuleiten. Ale erstes Antiteilchen konnte Anderson 1932 das von Dirac geforderte Positron experimentell nachweisen. In einer Nebelkammer fand er die durch ein Photon erzeugte Elektron-Positron-Paarbildung, wie sie in Abbildung 3 dargestellt ist.

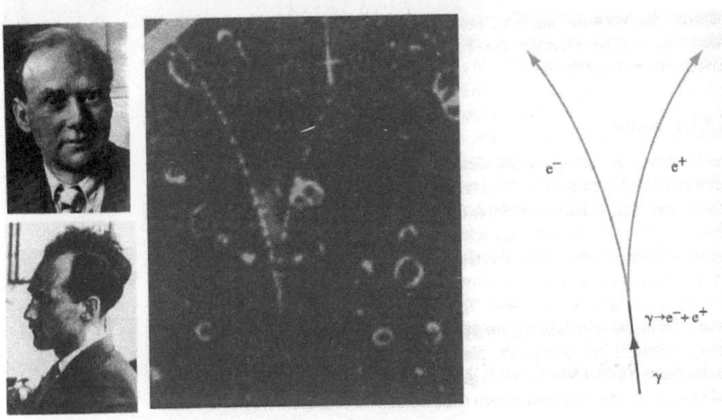

Abbildung 3 links: P. Dirac (oben), C. D. Anderson (unten)

Abbildung 3 Mitte: Nebelkammeraufnahme und

Abbildung 3 links: Skizze der Elektron-Positron-Paarbildung

(Hänsel/ Neumann, 1995, S. 44, 433, 520).

2.1 Fermionen

Fermionen haben den Spin ½ $\hbar$ und charakterisieren die fundamentalen Teilchen der Materie. Eine nach ihrer Masse erstellten Systematik unterteilt die Fermionen in drei Familien (vgl. Tabelle 2):

- Erste Familie: Elektron-Neurtino (ν_e), Elektron (e), Up-Quark (u) und Down-Quark (d)
- Zweite Familie: Myon-Neutrino (ν_μ), Myon (μ), Strange-Quark(s) und Charm-Quark (c)
- Dritte Familie: Tau-Neutrino (ν_τ), Tau (τ), Bottom-Quark (b) und Top-Quark (t)

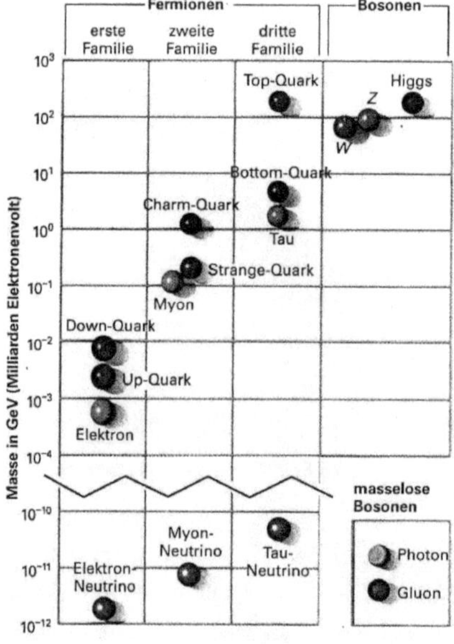

Tabelle 2: Fermionen und Bosonen nach Familie und Masse sortiert (Kane, 2003, S. 29).

In nachfolgender Abbildung 5 sind die Fermionen weiter in Quarks und Leptonen, sowie der zugehörigen Familien unterteilt. Sie werden von Elektronen, Myonen, Tau-Teilchen und den zugehörigen drei Sorten Neutrinos gebildet.

Abbildung 5: Quark-Leptonen-Familien (vgl. Butscher, 2004, S. 88).

2.1.1 Leptonen

Leptonen (leichte Teilchen, griechisch lepto = zart, dünn) sind elementare Spin-½-Teilchen, die nicht stark wechselwirken. (s. Tabelle 3) Sie unterliegen der schwachen und, falls geladen, der elektromagnetischen Wechselwirkung. Zu den Leptonen zählen drei elektrisch geladene (Elektron, Myon und Tauon), drei ungeladene Teilchen (Elektron-Neutrino, Myon-Neutrino und Tauon-Neutrino), sowie die dazugehörigen Antiteilchen. Die Leptonen sind jeweils paarweise zusammengefasst, also das Lepton mit seinem zugehörigen Neutrino, und bilden so die drei Familien.

	Lepton	Symbol	Ladung [e]	Masse [GeV/c^2]
erste Familie	Elektron	e^-	-1	0,00051
	Elektronneutrino	ν_e	0	$< 15x10^{-8}$
zweite Familie	Myon	μ^-	-1	0,106
	Myonneutrino	ν_μ	0	$< 2,5x10^{-4}$
dritte Familie	Tauon	τ^-	-1	1,784
	Tauonneutrino	ν_τ	0	$< 3,5x10^{-2}$

Tabelle 3: Leptonen (vgl. www.library.thinkquest.org).

Während die erste Familie unsere sichtbare Welt beschreibt, sind die Teilchen der zweiten und dritten Familie nur bei hochenergetischen Reaktionsprozessen der ersten Familie zu beobachten. Dass nicht mehr als drei Quark-Leptonen-Familien existieren kann aus kosmologischen Forschungen resultiert werden. „Weitere hätten die Häufigkeit der leichten Elemente, die sich in den ersten drei Minuten des Urknalls gebildet haben, so stark verändert, dass das Häufigkeitsverhältnis dieser Elemente heute anders wäre als gemessen." (Vaas, 2004, S. 93) Aber auch Kollisionen von Elektronen und ihren Antiteilchen am europäischen Hochenergie-Forschungszentrum CERN belegen die drei Teilchenfamilien aufgrund der Häufigkeitsverteilung der unterschiedlichen Zerfallsarten beim entstandenen Z-Partikel (vgl. Butscher, 2004, S. 88).

Bisher wurden die Neutrinos als masselos gerechnet. „Doch das ist in der Realität anders, wie Präzisionsmessungen von Neutrinos gezeigt haben, die in Kernreaktoren, bei Kollisionen der Kosmischen Strahlung mit der Erdatmosphäre und bei Kernfusionsprozessen im Sonneninneren erzeugt wurden: Neutrinos können sich ineinander umwandeln. Das ist aber nur möglich, wenn sie eine Ruhemasse besitzen" (Vaas, 2004, S. 94). Heute besitzen die Neutrinos nachweislich eine endliche Masse (vgl. Kane, 2003, S. 28), was eine große kosmologische Tragweite bezüglich der Ausdehnung des Universums hat. Laut Tipler (2000, S. 1428) gibt es rund 10^{89} Neutrinos, d.h. etwa 10^9 mal so viele wie Protonen und Neutronen zusammen.

2.1.2 Quarks

Neben den Leptonen gelten die Quarks als punktförmige und damit als strukturlose Elementarteilchen, die selbst bei der String-Theorie alle bekannten Eigenschaften beibehalten (vgl. Kane, 2003, S. 29). Mit der Entdeckung des top-Quarks 1994 ist auch das sechste und letzte Quark entdeckt worden. Insgesamt existieren sechs verschiedene Sorten von Quarks, die so genannten Flavours („Geschmacks-richtungen") Up, Down, Strange, Charme, Bottom und Top, sowie deren Antiteilchen, Antiquarks, bei denen die Quantenzahlen umgekehrt sind. Wie die Leptonen haben die Quarks die Spinquantenzahl ½ und lassen sich in drei Familien unterteilen (s. Tabelle 4).

Bis zu ihrer Entdeckung galt das Modell der Quarks als reine mathematische Konstruktion, da es noch in keinem Experiment gelang ein Teilchen zu finden das eine drittelzahlige elektrische Ladung besaß (vgl. Butscher, 2004, S. 88).

	Quark	Symbol	Ladung [e]	Flavour	Masse $[\text{GeV}/\text{c}^2]$
erste Familie	up	u	$+2/3$	$+1$	0,03
	down	d	$-1/3$	$+1$	0,06
zweite Familie	charm	c	$+2/3$	$+1$	1,3
	strange	s	$-1/3$	-1	0,14
dritte Familie	top	t	$+2/3$	$+1$	174
	bottom	b	$-1/3$	$+1$	4,3

Tabelle 4: Quarks (vgl. www.library.thinkquest.org).

Heute kennt man den „Bauplan" für Hadronen (Teilchen die der starken Wechselwirkung unterliegen): Baryonen wie das Proton und Neutron setzen sich aus drei Quarks zusammen: Das Proton enthält ein Down- und zwei Up-Quarks, das Neutron besteht umgekehrt aus einem Up- und zwei Down-Quarks. Mesonen setzten sich aus einem Quark und einem Antiquark zusammen (vgl. Butscher, 2004, S.88). Die Zusammensetzung der bekanntesten Hadronen ist in nachfolgender Tabelle 5 aufgelistet:

Mesonen q$\bar{\text{q}}$			Baryonen qqq		
Name $^1S_0$ $^3S_1$	q$\bar{\text{q}}$	Q	Name	qqq	Q
π^+, ϱ^+	u$\bar{\text{d}}$	1	p, Δ^+	uud	1
π^-, ϱ^-	d$\bar{\text{u}}$	-1	n, Δ^0	ddu	0
π^0, ϱ^0	u$\bar{\text{u}}$	0	Λ^0, Σ^0	dus	0
η^0, ω^0	d$\bar{\text{d}}$	0	Δ^-	ddd	-1
η^0, ϕ^0	s$\bar{\text{s}}$	0	Σ^+	uus	1
K^+, K^{+*}	u$\bar{\text{s}}$	1	Ξ^0	uss	0
K^0, K^{0*}	d$\bar{\text{s}}$	0	Ω^-	sss	-1

Tabelle 5: Quarkgehalt und Quantenzahl Q (Ladung) einiger Hadronen (vgl. Mayer-Kuckuk, 2002, S. 178).

Normalerweise kombinieren sich in der Natur nur je drei oder je zwei Quarks. Theoretisch sind aber auch Fünferkombinationen möglich. Tatsächlich gelang es japanischen Forschern 2003 ein solches „Pentaquark" (s. Abbildung 6) mit der theoretisch vorhergesagten Masse von 1,54 GeV zu entdecken. Das exotische Teilchen entstand beim Beschießen eines Graphit-Blockes mit Gamma-Strahlen. Dabei sind Neutronen im Kohlenstoffkern kurzfristig mit K-Mesonen verschmolzen und wieder zerfallen (vgl. Physical Review Letter in Spektrum der Wissenschaft 2003, S. 37).

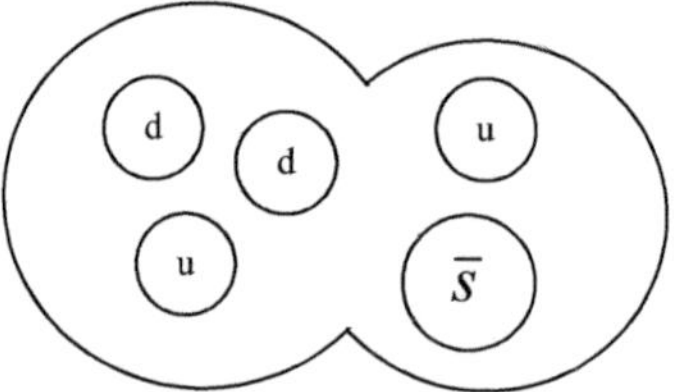

Abbildung 6: Theoretischer Aufbau des Pentaquarks (vgl. Physical Review Letter in Spektrum der Wissenschaft 2003, S. 37).

Im Gegensatz zum technischen Erfolg des Pentaquarks ist es bis heute noch nicht gelungen ein einzelnes, freies Quark zu beobachten. Das „Confinement"-Problem („Einfangen", vgl. Tipler, 2000, S. 1437) begründet sich auf die starke Kraft zwischen den Quarks, die nicht mit der Entfernung abnimmt. Man müsste also unendlich viel Energie in das System stecken. Der Anstieg der potentiellen Energie würde aber bald ausreichen um durch Umwandlung von Energie in Masse aus dem Nichts ein neues Quark-Antiquark-Paar zu erzeugen (vgl. Butscher, 2004, S. 89f).

Quarks sind also nur indirekt, also aus den Spuren anderer Teilchen und ihrer Reaktionen, zu erkennen. Bei genauer Betrachtung stellte sich im HERA-Ring sogar heraus, dass nur mit Hilfe eines Filters das stabile Modell, ein Proton bestehe aus drei Quarks, zu erkennen ist. Meyer beschreibt: „Stattdessen gleicht das Proton einer brodelnden Suppe aus Quarks, Antiquarks und Gluonen, die unaufhörlich in großer Zahl aus dem Nichts entstehen und in winzigen Bruchteilen von Sekunden wieder verschwinden" (Meyer in Butscher, 2004, S. 90).

2.2 Bosonen und ihre Wechselwirkungen

Wie „kommunizieren" zwei Fermionen miteinander? Diese Frage lässt sich mit Hilfe des Standardmodells für drei der vier elementaren Wechselwirkungen (s. Tabelle 7) beantworten. Mittels der Bosonen kann der Elektromagnetismus, die schwache und die starke Wechselwirkung erklärt werden. Die zugehörigen Teilchen haben ganzzahligen Spin und heißen Photon, Gluon, W- und Z-Boson und Higgs-Teilchen (s. Tabelle 6).

Symbol	Name	El. Ladung	Spin	Masse ($1/c^2$)
γ	Gamma	0	1	0
g	gluon	0	1	0
Z	Z-boson	0	1	91,173 GeV
$W \pm$	W-boson	+- 1	1	80,220 GeV
	(graviton	0	2	0

Tabelle 6: Liste der elementaren Bosonen (de Boer, 2005, S. 8).

Eichboson	Wechselwirkung	koppelt an…	wirkt folglich auf…
γ	e.m. WW	Elektrische Ladung	Quarks, Leptonen
Z, $W \pm$	schwache WW	Schwache Ladung	Quarks, Leptonen
g	starke WW	Farbladung	Quarks
(graviton	Gravitation	Masse	Quarks, Leptonen)

Tabelle 7: Liste der elementaren Wechselwirkungen (de Boer, 2005, S. 9).

Die Gravitation ist zur Vollständigkeit mit angegeben. Die Anziehung zwischen zwei Massen soll mittels diesbezüglich postulierten Gravitonen geschehen, die aber noch nicht nachgewiesen werden konnten.

„Der klassische Kraftbegriff wird durch das Standardmodell erweitert: Wenn Teilchen wechselwirken, so wirken sie nicht nur abstoßend und anziehend, sondern können auch ihre Identität wechseln und erzeugt oder zerstört werden" (Kane, 2003, S. 29). Übersichtliche Darstellungen können im Rahmen der Quantenfeldtheorien mit, den nach ihrem Begründer benannten, Feynman-Diagramme gemacht werden. Sie sind rein symbolische Wechselwirkungsvertices und stellen keine Teilchenspuren dar. Als Beschreibung erklärt de Boer weiter: „Nach heutzutage üblicher Konvention ist die Zeitachse nach rechts aufgetragen. [...] Um kompliziertere Prozesse zu beschreiben, fügen wir einfach zwei oder mehr Kopien dieses primitiven Vertex aneinender. Auch können einzelne Vertices in jede beliebige topologische Konfiguration gedreht werden. Stehen die Pfeile dann in *positiver* Zeitrichtung, so repräsentieren sie *Teilchen*, in *negativer* Zeitrichtung *Antiteilchen*. Die "Innereien" des Diagramms sind für den beobachteten Prozess irrelevant. *Innere* Linien (solche die innerhalb des Diagramms beginnen und enden) stehen für *virtuelle* Teilchen, die nicht beobachtet werden können, deren Beobachtung den Prozess sogar stören würde. Nur *Äußere* Linien (solche die in den Prozess hinein- oder aus ihm herausragen) stehen für *reale* (beobachtbare) Teilchen. Aus Energie- und Impulserhaltung folgt, dass virtuelle Teilchen nicht dieselben Massen besitzen wie entsprechende freie Teilchen" (de Boer, 2005, S. 9).

2.2.1 Gluonen – starke Wechselwirkung

Die starke Wechselwirkung „hat den schnellsten und stärksten Sekundenkleber der Welt" (Erdmann, www-ekp.physik.uni-karlsruhe.de) namens Gluonen. Diese masselosen „Klebeteilchen" werden von den Quarks ausgetauscht und halten sie zusammen.

Die Quantenchromodynamik (QCD) gilt als gültige Theorie der starken Wechselwirkung: Ähnlich elektrisch geladener Teilchen „ordnet man den Quarks eine ‚Ladung' im verallgemeinertem Sinne zu, die für die starke Wechselwirkung verantwortlich ist. Sie führt den Namen ‚Farbladung' im Unterschied zur elektrischen Ladung, mit der sie nichts zu tun hat. Im Gegensatz zur elektromagnetischen Wechselwirkung, bei der die Feldquanten (die γ-Quanten) elektrisch neutral sind, tragen die Gluonen der starken Wechselwirkung aber Farbladungen" (Mayer-Kuckuk, 2002, S. 176). Die möglichen Farbladungen der Gluonen und Quarks sind Rot, Grün und Blau (s. Abbildungen 7). Es ist ein fiktives, aber funktionierendes Modell: In Analogie zur TV-Technik (RGB-System) und der Farblehre gibt es offenbar in der Natur nur Teilchen, deren enthaltenen Quarks die Farbzusammensetzung weiß ergibt. „So sind in Protonen und Neutronen je drei Quarks enthalten, die jeweils eine andere Farbe haben (Rot + Grün + Blau = Weiß). In Mesonen lagern sich ein Quark und ein Antiquark zusammen, die ebenfalls zu einem weißen ‚Erscheinungsbild' führen (zum Beispiel: Rot + Antirot = Weiß)"

(Butscher, 2004, S. 90). Gluonen sind zweifarbig und tragen eine positive und negative Farbeinheit, wodurch sie auch mit sich selbst wechselwirken können.

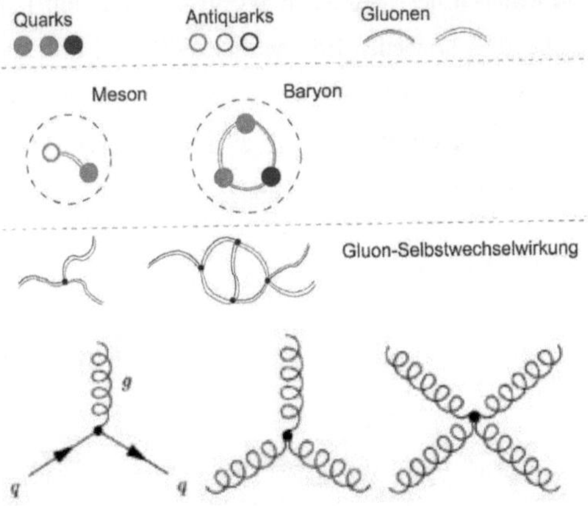

Abbildung 7 oben: Bausteine der QCD: Quarks und Gluonen (vgl. Gattringer, 2004, S. 228). Abbildung 7 unten: Feynman-Diagramme für drei mögliche, verschiedene Wechselwirkungen (de Boer, 2005, S. 10).

2.2.2 Photonen – elektromagnetische Wechselwirkung

Nach der Quantenelektrodynamik erfolgt die elektromagnetische Wechselwirkung durch den Austausch virtueller Photonen (s. Abbildung 8) (vgl. Neumann/ Hänsel, 1995, S. 568). Schließlich ruft jede Ladung ein Feld hervor, das, quantisiert, die Kraft auf die zweite Ladung bewirkt. Wie das Gluon hat das Photon keine Masse und damit eine unendliche Wechselwirkungs-Reichweite, trägt aber keine Ladung.

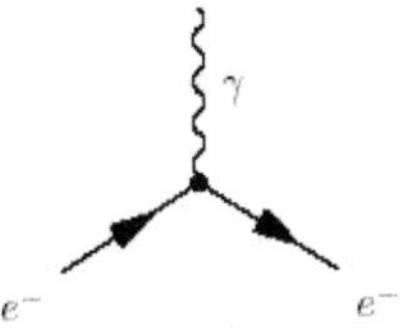

Abbildung 8: Feynman-Diagramm für elektromagnetische Wechselwirkung (de Boer, 2005, S. 10).

2.2.3 W- und Z-Bosonen – schwache Wechselwirkung

Das Plus-Weon W^+, das Minus-Weon W^- und das Zeton Z^0 sind die Austauschteilchen der schwachen Wechselwirkung mit Leptonen. Im Unterschied zu den oben beschriebenen Bosonen haben W-und Z-Teilchen eine enorme Masse von über 80 GeV und daher nur geringe Reichweiten. Erdmann vergleicht den Prozess als „Medizinball [...] zwischen zwei Materie-Teilchen." (www-ekp.physik.uni-karlsruhe.de) Die allgemeingültigen Wechselwirkungsvertices sehen wie folgt aus:

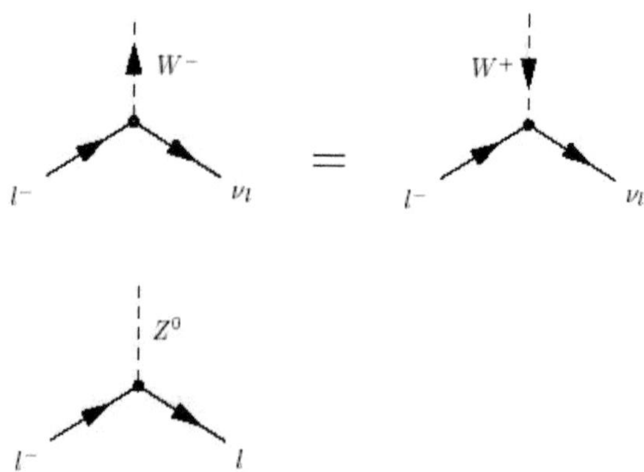

Abbildung 9: Feynman-Diagramm für schwache Wechselwirkung (de Boer, 2005, S. 10f).

Mögliche Zerfallsreaktionen sind nach Neumann/ Hänsel (1995, S. 573):

$$W^- \to e^- + \overline{\nu}_e$$

$$W^+ \to e^+ + \nu_e$$

$$Z^0 \to e^+ + e^-$$

$$Z^0 \to \mu^+ + \mu^-$$

2.2.4 Das Higgs-Boson

Peter Higgs (s. Abbildung 10) versuchte 1964, mit dem von ihm eingeführten Teilchen, zu klären, wie Teilchen überhaupt zu ihrer Masse kommen. Teilchen, die mit dem Higgs-Teilchen wechselwirken können, gewinnen dabei Masse, „so als würden sie die Higgs-Bosonen verschlingen und dadurch zunehmen" (Vaas, 2004, S. 94). Das zugehörige Higgs-Feld hat einen von null verschiedenen Wert und erfüllt damit das ganze Universum (vgl. Kane, 2003, S. 33).

Erdmann vergleicht den Zusammenhang mit dem Laufen in einer Menschenmenge oder dem schwerem Zustand im Wasser. (s. Abbildung 10 und 11) Diese „Wechselwirkung" verleit dem Menschen, bzw. dem Teilchen ihre träge Masse.

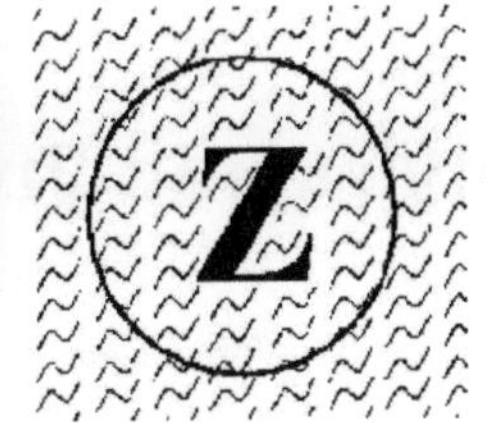

Abbildung 10 links: P. Higgs.

Abbildung 10 rechts: „Das unsichtbare Higgs-Feld (hier durch Wellen symbolisiert) soll den Teilchen, z.B. dem Z-Teilchen, ihre Masse geben"

(Erdmann, www-ekp.physik.uni-karlsruhe.de).

Abbildung 11: „Masse gewinnt man durch Wechselwirkung... (Cartoon nach einer Idee von D.Miller)" (Erdmann, www-ekp.physik.uni-karlsruhe.de).

Das Higgs-Boson ist das letzte fehlende Puzzlestück im Standardmodell, weil es noch nicht experimentell nachgewiesen werden konnte. Vaas (2004, S. 94) bedauert gleichzeitig, dass sich vom Standardmodell nicht ableiten lässt, woher das Higgs-Feld stammt, welche Masse das Higgs-Boson besitzt und wie schnell es zerfällt. „Die direkte Suche danach führte in den letzten Tagen des LEP-Betriebs noch zu großer Aufregung, da einige Ereignisse auf seine Existenz hinzudeuten schienen. Dies war nicht der Fall, aber es konnte die bisher ‚beste untere Grenze für die Higgs-Masse' von 114,4 GeV/c2 und aus den Strahlungskorrekturen eine obere Grenze von etwa 200 GeV/c2 bestimmt werden. Dies gibt Zuversicht das Higgs-Teilchen mit dem LHC zu finden" (Schopper, 2004, S. 215).

3 Erweiterungen und Probleme

Das Standardmodell lieferte exakte Vorhersagen zu unbekannten Teilchen und kann doch nicht das letzte Wort der Teilchenphysik sein. Als fundamental kann es noch nicht gelten, dafür existieren noch zu viele offene Rätsel. Einige können durch Erweiterungen wie Supersymmetrie (SUSY) oder der Grand Unified Theory (GUT) erweitert werden: Die drei elementaren Wechselwirkungen des Standardmodells nähern sich bei hohen Energien an und bilden eine Einheit. Die elektroschwache Wechselwirkung, ein Zusammenschluss von schwacher und elektromagnetischer Wechselwirkung, ist bereits experimentell bewiesen und im Standardmodell verankert (Minimales Supersymmetrisches Standardmodell, MSSM). Die Theorie der elektroschwachen Wechselwirkung wurde durch Experimente an Elektron-Positron-Beschleunigern überprüft und bestätigt. Sofern die Supersymmetrie zutrifft kann die elektroschwache mit der starken Wechselwirkung vereinheitlicht werden. (s. Abbildung 12) „Der Superpartner eines Fermions ist immer ein Boson und umgekehrt" (Kane, 2003, S. 30). So kann erklärt werden, „wie sich Quarks, Antiquarks und Leptonen bei 10^{16} GeV als gleichberechtigte Teilchen verhalten" (Vaas, 2004, S. 95).

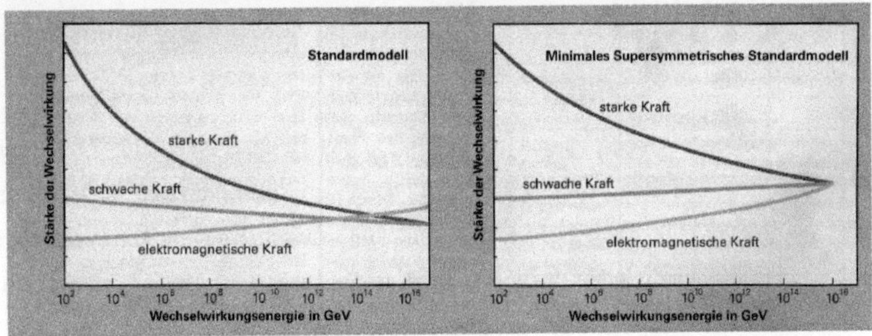

Abbildung 12: Vereinheitlichung der Wechselwirkungskräfte durch Supersymmetrie (Kane, 2003. S. 30).

Neben den Erweiterungen haben sich im Laufe der Zeit auch Probleme hinsichtlich des Standardmodells angesammelt. Um den hier dargestellten Rahmen der Ausarbeitung nicht zu sprengen, möchte ich nur eine Auswahl von offenen Fragen stellen (vgl. Vaas, 2004, S. 93f und Kane, 2003, S. 31):

- Warum existieren neben der ersten zwei weitere Familien?
- Wie lässt sich die endliche Masse der Neutrinos integrieren?
- Warum existieren überhaupt endliche Größenordnungen von Energien/ Massen und Längen?
- Was ist die Kalte Dunkle Materie?
- Gibt es Supersymmetrische Partner?
- Welche Wechselwirkungen sind für die Inflation verantwortlich?
- Wie groß ist die Masse des Higgs-Bosons und wie funktioniert die Wechselwirkung?
- Was ist die Gravitation?
- etc.

5 Fazit

Vor etwa vierzig Jahren traten die Quarks in unser Weltbild. Zehn Jahre später wurde das Standardmodell der Teilchenphysik formuliert und feiert seit dem einen großen Siegeszug. Teilchen konnten vorhergesagt und Wechselwirkungen beschrieben werden. Inzwischen wurde das Modell erfolgreich ergänzt, einige noch offene Fragen existieren aber weiterhin.

Möglicherweise sind Quarks und Leptonen gar nicht fundamental. Mit Hilfe des LHC soll noch vieles geklärt werden, aber auch Forschungen mit Hilfe von Detektoren in Satelliten oder im tiefen Eis des Nordpols (Icecube) werden hoffentlich Licht ins Dunkel der anfangs erwähnten Frage werfen: „Woraus ist alles gemacht?"

6 Literaturverzeichnis

Butscher, R. (2004). Der Stoff aus dem Atome sind. *Bild der Wissenschaft* (5). 86-91.

Coughlan, G., Dodd, J. (1996). *Elementarteilchen – eine Einführung für Naturwissenschaftler.* Braunschweig: Vieweg & Sohn.

De Boer, W. (2005). *Experimentelle Teilchenphysik.* Vorlesungsskriptum

Hänsel, H., Neumann, W. (1995). *Atome, Atomkerne, Elementarteilchen.* Band 3: Physik. Heidelberg: Spektrum Akademischer Verlag GmbH.

Knerr, R. (2000). *Lexikon der Physik.* Gütersloh: Bertelsmann Lexikon Verlag.

Kane, G. (2003). Neue Physik jenseits des Standardmodells. *Spektrum der Wissenschaft* (9). 26-33.

Mayer-Kuckuk, T. (2002). *Kernphysik – eine Einführung* (7. überarb. u. erw. Aufl.). Stuttgart: B.G. Teubner GmbH.

Physical Review Letter (2003). Quarks im Fünferpack. *Spektrum der Wissenschaft* (9). 37

Schopper (2004). 50 Jahre CERN. *Physik unserer Zeit.* 215

Tipler, P. A. (2000). *Physik* (3. korr. Nachdruck). Heidelberg: Spektrum Akademischer Verlag GmbH.

Vaas, R. (2004). SUSY, Higgs und Technicolor. *Bild der Wissenschaft* (5). 92-96.

Quellen aus dem Internet (Stand April 2005)

http://www-ekp.physik.uni-karlsruhe.de/~erdmann/higgs/node5.html

http://library.thinkquest.org/04apr/01330/currentphysics/standardmodel_de.htm

http://www.welt-der-physik.de/0__1065198230__1089910952.htm